SOCIÉTÉ D'AGRICULTURE, SCIENCES & ARTS D'AGEN

FÊTE ANNUELLE
DU
COMICE AGRICOLE
DE
L'ARRONDISSEMENT D'AGEN

DISCOURS ET RAPPORTS

LUS A LA SÉANCE SOLENNELLE DE DISTRIBUTION DES PRIX ET MÉDAILLES

TENUE A LAROQUE-TIMBAUT

LE 20 SEPTEMBRE 1857

AGEN

IMPRIMERIE DE PROSPER NOUBEL

1857

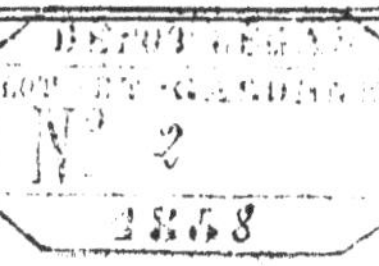

COMICE AGRICOLE

DE

L'ARRONDISSEMENT D'AGEN

SOCIÉTÉ D'AGRICULTURE, SCIENCES & ARTS D'AGEN

FÊTE ANNUELLE

DU

COMICE AGRICOLE

DE

L'ARRONDISSEMENT D'AGEN

DISCOURS ET RAPPORTS

[illegible]ANCE SOLENNELLE DE DISTRIBUTION DES PRIX ET MÉDAILLES

TENUE A LAROQUE-TIMBAUT

LE 20 SEPTEMBRE 1857

AGEN

IMPRIMERIE DE PROSPER NOUBEL

1857

I

COMPTE-RENDU

DE

LA FÊTE AGRICOLE DE LAROQUE-TIMBAUT,

LE 20 SEPTEMBRE 1857.

Le Comice agricole de l'arrondissement d'Agen, acceptant l'invitation que lui avaient adressée le Maire et le Conseil municipal de Laroque, avait choisi cette petite ville pour y distribuer les primes décernées, cette année, aux agriculteurs des trois cantons de Beauville, Laroque et Prayssas. — L'an dernier, on s'en souvient, la fête fut célébrée à Port-Sainte-Marie, au centre, pour ainsi dire, de cette belle et plantureuse vallée que la Garonne arrose et fertilise.

Ici, la nature et l'aspect du pays sont tout autres. La ville de Laroque-Timbaut (*Rupes Theobaldi*) se trouve placée sur le faîte des plateaux élevés qui séparent le bassin du Lot de celui de la Garonne. Ses maisons blanches et les restes de son château, vieux manoir des évêques d'Agen, s'étagent pittoresquement sur des rochers qui surplombent et qui dominent le vallon de Saint-Germain, véritable abîme de verdure, et la fontaine renommée où de pieux pèlerins viennent, chaque année, chercher la paix de l'âme et la santé du corps.

Les terrains fortement accidentés du canton de Laroque et des deux cantons appelés à concourir avec lui, sont loin d'offrir l'inépuisable fécondité des plaines de la Garonne, mais l'industrie des habitants y supplée par la variété des cultures et par l'intelligente direction donnée aux travaux. Le Comice, dans sa tournée d'inspection, a pu constater combien l'agriculture y était en honneur et en progrès. Les routes, dont le pays fut longtemps privé, y font pénétrer chaque jour la vie et la richesse, et, dans un avenir très-prochain, la ligne du Grand-Central, qui traverse le canton de Laroque, va le placer sur le grand-chemin de la civilisation.

A une très-faible distance de la ville de Laroque, se trouve le tunnel qui sera l'un des ouvrages d'art les plus importants de la ligne de Périgueux à Agen : déjà trois puits d'extraction et d'aérage sont terminés et les galeries d'accès sont poussées jusqu'à une profondeur de plus de cent mètres.

Mais revenons au Comice et à la fête du 20 septembre.

A onze heures du matin, des salves d'artillerie saluaient l'arrivée des voitures qui amenaient d'Agen le Bureau du Comice, M. le Préfet de Lot-et-Garonne, accompagné de MM. Pouydebat et Descressonnières, Conseillers de Préfecture, M. Henri Noubel, député de l'arrondissement, M. d'Imbert de Mazères, maire de Port-Sainte-Marie, et de nombreux invités. La ville de Laroque s'était mise en fête pour les recevoir : des guirlandes de feuillages décoraient les rues qu'avait à traverser le cortége pour se rendre à la mairie, où, sur un autel rustique, dressé en plein air, M. Balet, curé de Laroque, a célébré le saint sacrifice de la messe.

Le digne pasteur a inauguré les enseignements de la journée par une exhortation parfaitement appropriée à la circonstance; il a parlé du travail, considéré au point de vue religieux, et l'éloquente simplicité de ses paroles, écoutées avec recueillement, a touché tous les cœurs.

Après la messe, on s'est rendu à la halle où devait avoir lieu la distribution des récompenses. Partout les murs étaient tapissés de verdure, et des voiles tendues au-dessus de la place protégeaient les assistants contre les rayons du soleil, ardent comme aux beaux jours de l'été.

M. le Préfet a pris place au fauteuil ; à ses côtés se sont assis M. Troupel, maire de Laroque ; M. le curé ; M. Henri Noubel ; M. Sicard, juge de paix et conseiller général du canton ; M. Moullié, président de la Société d'agriculture ; M. Cazenove de Pradines, président du Comice ; M. de Laffore, trésorier ; MM. Magen et Goux, secrétaires ; MM. Charles de Larroque, de Brondeau et Gaubert aîné, membres de la Commission chargée d'apprécier les titres des concurrents.

M. Ducos a ouvert la séance. M. le Préfet a cherché, surtout, à prémunir ses auditeurs contre la funeste passion du jeu, qui cause, dans nos campagnes, plus de ravages que la grêle et que les inondations. Les applaudissements qui ont accueilli le discours du premier magistrat du département, nous donnent l'espérance que ses conseils seront appréciés et suivis.

Après lui, M. Troupel, maire de Laroque, a pris la parole pour remercier les membres du Comice d'avoir bien voúlu choisir sa ville pour y distribuer des encouragements et donner des leçons de nature à stimuler le zèle des agriculteurs.

M. Cazenove de Pradines s'est attaché surtout à signaler les avantages de l'enseignement agricole donné aux jeunes gens dans l'école primaire de Prayssas, et il a exprimé le vœu de voir les autres instituteurs du département suivre M. Pradelle dans la voie qu'il a si heureusement inaugurée, et qui lui a valu, de la part du Comice, une récompense exceptionnelle.

M. Martial de Laffore est venu ensuite apprécier les travaux auxquels M. Gouges s'est livré sur sa propriété de Lapeyre, et que le Comice a cru devoir récompenser par une médaille d'or de 150 fr. — Depuis longues années, M. Gouges applique, sur une petite échelle il est vrai, mais avec succès, les principes que l'Empereur a mis en avant pour mettre un terme au fléau des inondations. Par des fossés transversaux et des bassins disposés avec art, il arrête la marche trop rapide des eaux et retient sur les hauteurs les terres que les pluies entraineraient au fond des vallées.

Après la lecture de deux rapports, l'un de M. Magen, sur les exploitations le mieux dirigées dans l'ensemble des travaux, l'autre de M. Goux, sur le concours de vaches et sur les récompenses accordées aux serviteurs ruraux ainsi qu'à l'enseignement agricole, M. Moullié a proclamé la liste des lauréats, qui sont venus, chacun à l'appel de son nom et au bruit des bravos, recevoir les médailles des mains de M. le Préfet.

Après la cérémonie, est venu le tour du banquet, auquel ont pris place plus de cent convives. La salle était artistement décorée, et le festin, préparé par les soins de M. Ramondou, de Penne, a fait honneur aux talents culinaires et à la bonne volonté du maître d'hôtel.

Plusieurs toasts ont été portés pendant le banquet : le premier, que trois salves d'applaudissements ont accueilli, par M. le Préfet, *à l'Empereur, à l'Impératrice, au Prince impérial !* — Le second, par M. Troupel, à M. le Préfet et aux membres du Comice ; un autre, par M. Moullié, aux bons serviteurs ruraux ; enfin, M. H. Noubel a remercié le Maire et les habitants de Laroque de leur cordiale hospitalité, et a bu à la prospérité du canton de Laroque.

Des danses publiques, les exercices d'un mât de cocagne, ont terminé cette fête vraiment populaire, qu'aucun incident fâcheux n'est venu contrister.

II

DISCOURS DE M. TROUPEL,

MAIRE DE LAROQUE-TIMBAUT.

Monsieur le Préfet et Messieurs,

Faible interprète des sentiments de mes concitoyens, permettez-moi de vous témoigner combien nous sommes flattés de l'honneur que vous nous avez fait en choisissant notre petite ville pour cette distribution de prix.

Votre œuvre, en effet, Messieurs, est éminemment utile, elle est grande et méritoire, et ses bienfaits sont de ceux qui laisseront dans nos contrées une amélioration matérielle et morale.

Longtemps l'Agriculture est restée chez nous sans lois positives; il ne lui avait cependant manqué ni le temps ni des hommes d'intelligence et de génie; mais l'esprit humain ne découvre pas du premier coup tous les rapports qui lient entre eux certains phénomènes, et il était donné à notre époque d'acquérir de nouvelles vérités, d'ouvrir à l'homme, dans les mystères de la nature, un nouvel horizon où il pût trouver des perspectives inconnues.

Les découvertes de la chimie et l'application de la vapeur comme force motrice ont ouvert une ère nouvelle et commencé dans les sciences et dans nos mœurs une révolution qui changera la face du monde.

L'Agricultur, qui n'était jusque là qu'un recueil de pratiques et de routines est devenue une véritable science, elle se développe chaque jour avec méthode; les découvertes de l'expérience et de la pratique sont raisonnées et expliquées; les savants de tous les pays réunissent leurs efforts, et déjà l'on peut prévoir que nous arriverons à un système rationnel et incontestable pour l'art agricole et l'économie rurale.

Dans ces circonstances, un Comice qui rapproche des hommes honorables dans un enseignement mutuel, qui s'éclaire de l'instruction des uns et de la pratique des autres, devient le lien nécessaire entre la science et la pratique de l'Agriculture.

C'est là ce qui justifie l'utilité et l'importance du Comice que vous avez fondé.

Votre œuvre est d'autant plus méritoire, qu'elle est, pour la société, un bienfait matériel et un bienfait moral.

L'Agriculture n'est pas seulement la mère

nourricière des Etats, elle est aussi leur plus grande sauvegarde contre les révolutions. C'est elle qui dans les jours d'épreuve a fourni le plus grand contingent de bons citoyens. Le cultivateur n'a-t-il pas été le plus ferme soutien de la propriété attaquée, et ses votes n'ont-ils pas assuré le repos et la stabilité à la France?

Ces mœurs paisibles, ce bon sens naturel qui résiste aux mauvaises théories, sont le résultat des leçons de l'Agriculture.

La Providence ne fait produire aux champs qu'en proportion des efforts de l'homme; aucun expédient ne peut les remplacer; la patience, le travail, la sobriété sont les vertus naturelles de l'agriculteur parce que seules elles le conduisent au bien-être, ce mobile puissant qui nous dirige tous. Et comme ses plus belles récoltes ne sont bien à lui que dans le grenier, et qu'un orage peut détruire en un instant une année d'espérances, mieux que tout autre il sait que l'homme dépend d'un maître souverain auquel il doit le culte de son adoration.

Honneur à vous, Messieurs, qui venez parmi nous favoriser cet art qui nourrit l'homme et a le don de le rendre vertueux.

Vos encouragements et vos leçons, j'en suis certain, vont réveiller le zèle de nos agriculteurs.

Cette foule avide d'entendre vos paroles qui

se presse autour de vous, est vivement touchée de voir tant d'hommes honorables s'intéresser avec sollicitude aux travailleurs des champs et rechercher, sans distinction de rang ni de fortune, le cultivateur le plus méritant pour couronner les efforts de son zèle et de son intelligence.

Pour nous, Messieurs, la solennité qui vous réunit, et dont l'éclat est rehaussé par la présence du premier magistrat de notre département, et de l'honorable député de cet arrondissement restera dans les annales de notre municipalité comme un de ses souvenirs les plus glorieux.

III

DISCOURS

DE

M. CAZENOVE DE PRADINES,

PRÉSIDENT DU COMICE.

MESSIEURS,

C'est pour la seconde fois que notre Comice agricole a été appelé à visiter les cantons de Laroque-Timbaut, de Prayssas et de Beauville, et pour la seconde fois, nous avons à signaler dans ces cantons, non pas seulement plusieurs exemples d'une culture savante, rationnelle, digne d'être imitée par nous tous, mais un autre genre de mérite, je ne dirai pas plus utile, mais plus spécial. Je veux parler, Messieurs, des travaux de M. Gouges dont notre Comice avait, dès 1854, révélé la haute importance; je veux parler aussi de l'enseignement primaire d'agriculture que reçoivent les jeunes gens dans l'école de Prayssas.

N'anticipons point sur les rapports qui vous seront faits tout à l'heure. Deux de nos collègues des plus habiles sont chargés de mettre sous vos yeux l'opinion du Comice et sauront faire ressortir la valeur et la portée de ce qu'ont fait MM. Gouges et Pradelle.

Mais puisque nous avons trouvé chez vous l'exemple si rare, qui, pourtant, devrait être si commun, de l'enseignement agricole donné aux jeunes agriculteurs, pourrais-je trouver une meilleure occasion de faire ressortir la nécessité de cet enseignement, qui doit être plus ou moins pratique, plus ou moins raisonné, selon qu'il s'applique aux diverses conditions sociales ?

Tant qu'on a considéré l'Agriculture comme un art routinier, demandant presque tout aux forces corporelles de l'homme et presque rien au développement de son intelligence, je comprends, Messieurs, qu'on pouvait, je dirai plus, qu'on devait négliger l'enseignement primaire agricole. Reconnaissons qu'il ne fallait pas de fortes études pour apprendre à approfondir un sillon; qu'un ignorant mais robuste valet de métairie fauchait les prés, déchaussait les vignes, liait les gerbes mieux que ne l'auraient fait Olivier de Serres et Mathieu de Dombasle. Nos pères pensaient que le temps consacré à la théorie agricole était un temps perdu pour la pratique ; quatre heures de travail manuel de plus par jour leur semblaient un meilleur enseignement, pour ceux de nos enfants que Dieu appelle à une vie toute laborieuse, que quatre heures d'oisives méditations sur des systèmes encore contestables, que l'expérience venait démentir souvent.

Nos pères avaient raison, puisque leur conduite était la conséquence de leur principe; mais nous, Messieurs, qui avons adopté un principe tout opposé, ne sommes-nous pas bien inconséquents d'avoir marché jusqu'ici dans les mêmes voies?

Cet art routinier, dont je vous parlais tout à l'heure, l'Agriculture est devenue, non seulement une science, mais une des sciences les plus abstraites, très-difficile à apprendre, encore plus difficile à bien pratiquer. Entre les agronomes et les astronomes, placés maintenant sur la même ligne à l'Institut, la plus grande différence, peut-être, est que les uns cherchent sous la terre et les autres dans le ciel des problèmes où l'œil de l'homme ne pénètre qu'à demi. La chimie et la mécanique se sont faites servantes de l'Agriculture ; l'une prépare et combine nos fumiers, dose la valeur nutritive de nos fourrages et bientôt peut-être va fixer et métamorphoser en engrais l'air qui circule au-dessus de nos sillons. L'autre aspire à remplacer nos attelages; à labourer et à moissonner pour nous. De tous côtés, Messieurs, une invasion se prépare sur notre vieux sol gaulois, non plus une invasion de barbares armés de la massue et de la hache, mais celle du savoir et de l'intelligence, marchant, comme la Cérès de la fable, avec des flambeaux dans les mains.

Tel est aujourd'hui l'état réel de notre Agriculture, tel est aussi son état officiel et *légal*, puisque à côté de professeurs d'Agriculture nous avons des écoles régionales et des fermes-écoles instituées pour propager l'enseignement agricole.

La question est donc de savoir si cet enseignement, tel qu'il est donné, suffit aux besoins de la France.

Poser cette question, c'est la résoudre négativement. Nous sommes en France, hommes et femmes, plus de vingt-cinq millions qui avons besoin de l'enseignement agricole, et il ne sort pas, il ne peut pas sortir annuellement de nos écoles cinq cents personnes ayant reçu des leçons d'Agriculture!

En supposant ces cinq cents personnes convenablement instruites dans leur science, quelle influence pourront-elles avoir sur la masse de la population laissée tout à fait étrangère aux nouveaux principes de la culture?

N'est-il pas à craindre, au contraire, ou plutôt n'est-il pas certain que ces jeunes théoriciens seront accueillis avec une méfiance jalouse par ceux de leurs camarades qui ont plus cultivé leurs champs que leur esprit? On publiera, on exagèrera leurs insuccès (ils sont fréquents en Agriculture), on niera longtemps, contre l'évidence, le bon résultat de leurs plus habiles opérations, et si, comme à la longue il arrive toujours, cédant enfin à cette évidence, on se résout à les imiter, on marchera après eux les yeux fermés, faisant succéder ainsi une nouvelle routine à une routine passée de mode.

Qui de vous, Messieurs (je m'adresse à tous les agriculteurs progressifs), n'a pas éprouvé et n'éprouve encore tous les jours *ce mal vouloir* que je viens de signaler, de la part des cultivateurs purement pratiques? Pour mon compte, je suis loin de leur en faire un reproche, je trouve fort naturel qu'ils refusent d'adopter ce qu'on refuse de leur faire comprendre.

Mais si, dans toutes les écoles rurales, on voyait ce que nous avons vu exceptionnellement dans l'école de Prayssas, un cours élémentaire d'Agriculture qui mît à la portée des jeunes fils de laboureurs, non pas certaines théories encore douteuses de la science, mais les principes constants et éprouvés de l'art qui nourrit le monde; si l'instituteur, à côté de son école, et comme partie de ses émoluments, possédait un champ que ses élèves feraient fructifier à son profit par la pratique de ses leçons, il ne se trouverait plus aucun enfant fréquentant les écoles qui n'eût appris, dès son plus bas âge, à considérer l'Agriculture comme une étude sérieuse et importante, et ceux dont l'intelligence est la plus bornée apprendraient du moins à donner leur confiance aux compagnons de classe qui auraient mieux profité des communes leçons.

Le résultat de l'enseignement primaire agricole serait le même que celui que nous obtenons aujourd'hui des enseignements plus élevés. Certes, tous les jeunes gens qui suivent les cours de latin ou de géométrie n'en sortiront pas bons latinistes ou bons géomètres, mais ils sauront que la langue latine et la géométrie existent, qu'elles ont leur règle et leur valeur; au besoin, ils consulteront les habiles.

Cet enseignement devrait, à notre avis, être très-simple, dégagé, autant que possible, des formules et des mots scientifiques, nécessaires sans doute aux fortes études agronomiques, mais qui, dans l'usage commun, éblouissent plus qu'ils n'éclairent.

Ce que nous demandons, Messieurs, n'est pas une de ces choses toutes nouvelles contre lesquelles il est souvent sage de se tenir en garde. Des écoles primaires sont depuis longtemps établies sur le même principe en Irlande et en Allemagne, et elles donnent les meilleurs résultats.

En France même, on a, depuis trois ans, organisé à Beauvais une importante institution d'enseignement primaire agricole, où la pratique est jointe à la théorie. Le Préfet, l'Evêque et le Gouvernement, qui la protégent à l'envi, l'ont confiée aux *Frères ignorantins*. Je me plais, Messieurs, à donner ce nom à ces respectables frères, parce qu'il me rappelle qu'une prudente ignorance doit toujours rester la compagne du bon savoir. Ne portons notre intelligence ni trop loin ni trop haut; il en serait comme d'une métairie : si elle est trop grande, elle est mal cultivée et les mauvaises herbes étouffent le bon grain. Un plus habile que moi a donné avant moi la même leçon.

> Ne cultivons que le froment,
> Le bleuet viendra de lui-même,

a dit Arnault, qui fut chef de l'Université impériale.

Si la crainte d'allonger cette séance ne m'arrêtait pas, j'ajouterais, Messieurs, que ce n'est pas seulement dans l'école primaire que l'Agriculture devrait être enseignée. Pourquoi ne pas faire marcher la science utile à tous sur le même rang que celles qui ne servent qu'au petit nombre? D'où vient, en grande partie, cette indifférence et quelquefois ce sot mépris qu'inspire à beaucoup de nos jeunes gens l'art qu'a chanté Virgile et qui occupait les loisirs de Charlemagne et d'Henri IV? De leur ignorance; mais c'est nous qui sommes responsables de cette ignorance, car nous ne leur avons pas appris, et à nous-mêmes on ne nous a pas enseigné à connaitre, à aimer les champs, à fouiller la mine inépuisable de richesses que Dieu n'a placée qu'à un pied sous terre. Cette mine enferme non seulement des biens matériels, mais des trésors pour l'intelligence; elle garde aussi des remèdes contre les passions désordonnées qui emportent loin de nous nos pensées et font regarder comme un exil le toit paternel.

Sans doute, il ne faudrait pas que l'Agriculture prît dans les lycées la place d'autres enseignements dont nous reconnaissons toute l'importance. Nous voudrions, au contraire, la faire servir à développer et à rendre plus complète la connaissance de la langue latine. Je m'explique : presque tous les auteurs étudiés dans les classes occupent les enfants de récits de batailles, de victoires, de défaites, de révolutions politiques : *arma virumque cano* est le résumé de la plupart de leurs explications. Les mots de la langue du forum, de celle de l'histoire, de la poésie héroïque, se gravent ainsi dans leur jeune mémoire, mais ils ne savent pas (car où les auraient-ils appris?) les mots non moins essentiels de la langue des champs et du toit domestique. S'ils ont eu en main les Géorgiques, ce n'a pas été pour étudier la merveilleuse description de la charrue, mais les prodiges qui suivirent le meurtre de César.

Qu'on fasse expliquer aux jeunes gens ce chef-d'œuvre de la poésie latine, en son entier, ou, si l'on veut, seulement les trois premiers livres; qu'on ajoute aux Géorgiques un commentaire où seront résumés les progrès ou les changements apportés à la science culturale, il n'en faudrait pas davantage, Messieurs, pour une instruction secondaire agricole, appropriée à toutes les conditions, satisfaisant à toutes les exigences d'une culture raisonnée.

Sans aucun doute, ce que nous proposons n'est pas *le mieux possible;* nous le présentons comme *le moins que l'on puisse faire*, mais ce moins aurait encore de très-utiles résultats. Si cette pensée pouvait trouver des approbateurs, ce serait parmi vous, Messieurs, qui, les premiers, dans notre arrondissement, avez senti la valeur de l'enseignement agricole.

M. le Maire et MM. les Conseillers municipaux, le Comice vous remercie de l'accueil cordial que nous rencontrons parmi vous. Et vous, habitants de Laroque, de Prayssas et de Beauville, puisse la présence de nos agriculteurs les plus distingués et surtout celle du magistrat dont la présidence donne plus d'éclat aux récompenses qui vont vous être distribuées, exciter en vous une ardente émulation! Déjà deux de vos laboureurs, MM. Preissas et Saint-Martin, ont vu leurs noms et leurs travaux donnés pour exemple à la France agricole; imitez-les et méritez aussi de voir vos noms inscrits au *Moniteur*.

IV

RAPPORT

SUR

L'EXPLOITATION DIRIGÉE PAR M. GOUGES,

A LAPEYRE, PRÈS BEAUVILLE,

PAR

M. MARTIAL DE LAFFORE,

Ingénieur en chef, en retraite.

Monsieur le Préfet et Messieurs,

Chacun de nous a entendu la grande voix qui a promis à la France que *les débordements de toutes les espèces allaient désormais être arrêtés !...*

Mais pour que cette haute et si généreuse intention se réalise, dans l'ordre physique comme dans l'ordre moral, le concours de tous est, sinon invoqué, du moins désirable.

Le Comice agricole de l'arrondissement d'Agen vient apporter son tribut, dans la spécialité qui lui est dévolue, en signalant à l'attention publique les conceptions longtemps méditées, et suivies d'expérimentations soutenues, au moyen desquelles M. Gouges, Abel, membre de notre Comice, et propriétaire d'un domaine d'environ 60 hectares, situé dans la commune de Beauville, arrondissement d'Agen, a très-heureusement concouru, selon nous, à la solution du grand problème des débordements des fleuves et des rivières.

Dira-t-on que cet honorable propriétaire n'avait pas en vue les débordements lorsqu'il a fait creuser les nombreux réservoirs qui constituent son système?... Qu'il a fait ce que plusieurs auteurs ont conseillé aux agronomes, depuis longtemps, notamment Montagne, marquis de Poncius, en 1779; plus tard le chevalier Philippe de Ré, pour la Lombardie; le comte de Lasteyrie, en France; Schwerz, dans l'Altenbourg, etc.[1]

Quoi qu'il en soit, le Comice a considéré que c'est en faisant de l'excellente agriculture, ou l'agriculture la plus rationnelle, que M. Gouges est parvenu à retarder la marche ou l'écoulement des eaux pluviales, dans l'étendue de son domaine; que c'est ainsi qu'il a mis ses prés et ses foins à l'abri de ces irruptions soudaines

[1] Ces renseignements m'ont été fournis par notre savant confrère M. *de Raigniac,* dont l'érudition est si connue de nous tous.

qui l'avaient si souvent dépouillé de cette précieuse denrée, sans laquelle il ne peut y avoir, comme on sait, de bonne culture possible; et qu'il a finalement pressenti la solution du grand problème qui occupe la France depuis que tant de débordements ont, successivement, jeté dans la désolation des contrées où la Loire, la Garonne et autres grands fleuves semblaient devoir venir n'apporter que la vie ou la fertilité.

Le Comice, en effet, n'a pas examiné bien sérieusement la question de savoir si les résultats de ces divers débordements pouvaient être considérés comme l'équivalent d'une manne nouvelle, que Dieu aurait envoyée à son peuple, sur les rivages qui viennent d'être indiqués... ou, en d'autres termes, si l'inondation est tellement profitable aux terres qui la reçoivent, que l'Etat ferait évidemment une assez mauvaise opération, s'il dépensait beaucoup pour s'opposer à ce moyen de fertilisation des vallées.

Il faudrait convenir que les lamentations dont ces prétendus sinistres nous ont rendus si souvent les tristes témoins, étaient l'expression d'un intérêt bien mal compris ou d'une ingratitude bien dénaturée, si les économistes qui croient à l'utilité des inondations sont fondés dans l'opposition qu'ils font aux mesures ou aux travaux qui tendraient à en prévenir le renouvellement.[1]

Les idées de M. Gouges ont été développées dans un mémoire dont la rédaction a été confiée à la plume exercée de M. Lagrèze-Fossat, son gendre, honorable avocat du barreau de Moissac.

Ce mémoire, déjà présenté à la Société centrale d'agriculture, a été soumis plus tard à la Société d'agriculture, sciences et arts d'Agen, ainsi qu'au Comice agricole au nom duquel nous parlons.

Le système dont il s'agit tend donc à mettre le sol des vallons et des vallées à l'abri des irruptions soudaines du produit des avalasses ou fortes pluies, et même de pluies peu abondantes et longtemps soutenues.

Mais c'est dans les cas seulement où les réservoirs dont nous avons déjà fait mention seraient établis sur des terrains à sous-sol perméable, qu'un procédé de ce genre peut suffire.

C'est, au reste, ce dont convient M. Gouges lui-même.

On conçoit, en effet, que des bassins, une

[1] Voir ce qu'en pense le Conseil général du département dans le *Journal de Lot-et-Garonne* du 15 septembre dernier.

fois remplis, ne pussent rien recevoir, s'ils ne se vidaient pas par voie de filtration !

J'ai fait personnellement à la Société d'agriculture, sciences et arts d'Agen, tout récemment, une lecture et des propositions tendant à remédier aux inconvénients de l'*imperméabilité du sous-sol*, laquelle aurait évidemment pour conséquence (dans les cas de durée des pluies par trop prolongée) de laisser arriver le trop plein, d'abord dans les vallons, et puis dans les vallées.

Ce système (qu'on me permette de le dire, puisqu'il tend à compléter celui de M. Gouges) consisterait à soumettre les voies d'écoulement, dans les vallons, *à des pentes déterminées ou calculées d'avance de manière à retarder à volonté le cours des eaux.*

C'est en faisant dire à l'art. 640 du Code civil *tout ce que comporte l'esprit dans lequel il a été rédigé par le législateur*, qu'on trouvera la solution légale de la difficulté que semble devoir présenter l'application de ce nouveau moyen de ralentir la marche des eaux.

Le mémoire qui en discute les bases tend à prouver qu'il doit n'exiger aucun sacrifice, ni de la part de l'Etat, ni de la part des propriétaires auxquels il serait imposé, puisque son application aurait pour conséquence d'accroître la superficie des terres placées dans les meilleures conditions de bonne culture et d'abondante production.

Nous ne sommes entré dans des détails étrangers (jusqu'à un certain point, cependant) au sujet principal qui devait nous occuper, que dans le but d'éloigner de ceux qui vont prendre communication de l'analyse des procédés de M. Gouges l'objection qui se serait présentée tout d'abord à leur esprit ; et cette objection cesse d'être sérieuse, s'il existe un moyen de compléter, le cas échéant, le système que ces procédés constituent et qui consiste, on a déjà dû le comprendre, à faire creuser de petits bassins, partout où il est possible d'amener les eaux, en distribuant ces *récipients* de manière à ce qu'ils puissent *contenir* le produit des pluies qui viendront à tomber sur la surface de la partie du sol que chacun de ces réservoirs est appelé à desservir.

Ainsi, M. Gouges, qui, sur son domaine de 60 hectares de contenance, en a 45 environ d'arables, sur plateau, a fait creuser 54 réservoirs dont les contenances partielles, pour cet ensemble de bassins, sont de 65 ares 84 centiares, et qui ont pour profondeur un peu plus de 2 mètres, ou ce qu'il a fallu pour qu'ils pussent, quand ils sont pleins, avoir reçu le cube total de 14,439 mètres cubes d'eau.

Ce cube, mis en rapport avec les 45 hectares, correspond à une couche d'eau d'environ 39 millimètres d'épaisseur. Or, les observations météorologiques apprennent, en effet, qu'une quinzaine de jours de pluie ne produit pas une couche d'eau plus forte, et que de tels bassins (dont la contenance moyenne est de 1 are 45 centiares par hectare, ou de près d'un et demi pour cent) doivent, par conséquent, offrir une capacité suffisante, *si le sous-sol n'est pas absolument imperméable.*

M. Gouges déclare qu'il a eu le projet, et qu'il a réellement obtenu l'avantage *de ne pas laisser échapper une barrique d'eau de chez lui, autrement que par la voie des sources*, lesquelles ont été, bien entendu, singulièrement ravivées toutes les fois que ses bassins se sont emplis.

La durée de cet accroissement de débit des sources, qui est ordinairement de 15 jours, est même une preuve de plus de l'efficacité d'un procédé qui a le double avantage de retenir les terres entraînées par les eaux, et d'empêcher celles-ci de faire irruption soudaine dans les vallons et les vallées, et, par conséquent, d'y submerger les foins et autres récoltes.

En sorte qu'en creusant ses bassins M. Gouges a obtenu, en premier lieu, des terres au moyen desquelles il a pu amender une première fois son domaine; et puis, il a pu retrouver incessamment celles qui auraient été entraînées et perdues pour ses champs, si elles n'eussent été retenues dans ses réservoirs.

Enfin, il a retardé singulièrement, à peu près d'une quinzaine de jours, pour le moins, la marche des eaux de pluie qui ont été filtrées, en quelque sorte, avant d'avoir pu s'échapper dans les vallons et les vallées.

Ce propriétaire a donc évidemment préparé la solution du grand problème sur lequel tant d'infortunes récentes ont appelé l'attention générale et la haute et paternelle sollicitude de l'Empereur.

Aussi, après nous être écrié, à la suite de la première lecture de ce mémoire, soit à la Société d'agriculture, sciences et arts, soit au Comice agricole d'Agen, « *qu'il y avait lieu* « *de prendre ce travail en la plus sérieuse* « *considération,* » n'avons-nous pas été surpris d'apprendre qu'un Inspecteur général d'agriculture (M. Chambellant), délégué de M. le Ministre, s'était transporté plus tard chez M. Gouges; que ce haut fonctionnaire avait soigneusement examiné les procédés ingénieux de notre compatriote et confrère, et les avait approuvés.

Mais nous dira-t-on, peut-être, le Gouvernement étant informé, le Comice agricole n'a guère plus rien à faire !

A cela nous répondrons : « Que si le Gouvernement a ses devoirs et ses prérogatives, les Comices locaux ont aussi les leurs ; que le Comice agricole de l'arrondissement d'Agen se devait à lui-même de constater qu'un de ses membres avait procuré les moyens de prévenir, jusqu'à un certain point, le retour de ces grands fléaux dont a gémi la France dans ces derniers temps ; que cette découverte, ou, si l'on veut, que les procédés dont il s'agit ne peuvent être considérés comme un bienfait dû au simple hasard, puisqu'ils émanent de conceptions suivies d'expériences pratiquées et soutenues depuis 1816 jusqu'à ce jour ; que si les intelligents et persistants efforts de M. Gouges ont eu plus de portée que n'en attendait leur auteur lui-même, c'est assurément très-heureux, mais que cela tient surtout à la justesse des appréciations de M. Gouges, en ce qui concerne l'agriculture..... Et que le Gouvernement semble pouvoir et devoir étudier si, sans nuire à qui que ce soit, et tout au contraire en favorisant les intérêts de tout le monde, il n'y aurait pas lieu de rendre obligatoires des procédés de culture qui ont été si favorables au propriétaire dont les succès ont fait le sujet du présent rapport.

La Commission, dont j'ai eu l'honneur d'être le Rapporteur, a cru être l'interprète du vœu public, en cherchant à appeler sur l'auteur de ces procédés l'attention d'un Gouvernement qui sait si bien accorder des distinctions à qui s'en rend digne; et le Comice agricole d'Agen a exprimé, en effet, le haut intérêt qu'il attache aux conceptions ingénieuses de M. Gouges, en décidant à l'unanimité qu'une médaille d'or, de *cent cinquante francs*, serait décernée à cet honorable propriétaire, dans la solennité de ce jour, parce qu'il avait espéré qu'elle aurait lieu sous les yeux et la présidence du premier magistrat de ce département, et sous le patronage des ministres de la religion, double circonstance qui devait procurer au lauréat, et à ses précieux travaux, les hauts encouragements d'un pouvoir tutélaire et les bénédictions de Dieu.

V

SUITE DU RAPPORT

SUR LES PRIMES

POUR LES EXPLOITATIONS LE MIEUX DIRIGÉES

DANS L'ENSEMBLE DES TRAVAUX,

PAR

M. ADOLPHE MAGEN,

Secrétaire perpétuel.

Après avoir décerné aux travaux de M. Gouges une prime exceptionnelle, le Comice a honoré d'une sérieuse attention et d'une récompense élevée ceux de M. Maillebiau. Exécutés par les soins du lauréat sur son bien de Carcy, ces travaux ont eu pour objet l'irrigation des prairies, l'assainissement du sol par le drainage pratiqué en grand, et l'amélioration de l'ensemble du domaine par l'adoption des procédés les plus rationnels.

La propriété est composée de 57 hectares et

exploitée directement par le maître depuis plusieurs années. Bâtiments bien aménagés, belle et spacieuse étable que d'ingénieuses dispositions permettent de laver à grande eau, terres arables soigneusement travaillées, vignes enfin, complantées d'un grand nombre de pruniers en plein rapport, telles sont les choses qui ont, au premier abord, frappé les yeux de la Commission.

Les fumiers de l'étable sont déposés dans une fosse construite en maçonnerie, couverte et complétée par une citerne à purin.

La disposition du sol a permis d'établir autour des bâtiments d'exploitation, des aqueducs d'assainissement et des gondoles pavées, destinées à recueillir les eaux pluviales ou ménagères, et, au besoin, celles qui ont servi au lavage des latrines et des fosses à fumier. Tous ces liquides, saturés de principes fécondants, arrivent dans un bassin d'où ils se distribuent aux prairies par des rigoles d'irrigation.

L'irrigation normale est pratiquée au moyen d'eaux de source que des réservoirs épanchent dans de nombreuses rigoles, et par déversement, dans les zones que forment, en s'unissant, deux rigoles consécutives.

Quatre hectares, en ce moment irrigués, fournissent jusqu'en novembre, quelle qu'ait été l'intensité de la sécheresse aux jours caniculaires, de vigoureux regains et des paturages frais.

C'est donc, — il est aisé de le voir, — sur l'extension et l'amélioration des prairies que s'est spécialement portée l'attention dans le domaine de Carcy. Le propriétaire s'est à coup sûr inspiré de cette proposition formulée par M. de Gasparin, proposition nette, vive, affirmative et qui nous paraît avoir toute la valeur d'un axiome : « Les prairies permanentes sont, sans contredit, la base la plus assurée d'une agriculture régulière. »

Un système complet de drainage est, depuis trois ans, en activité dans le domaine; on y emploie concurremment les tuyaux et le calcaire provenant de l'épierrement du sol. Huit hectares ont été drainés, au prix de 300 fr. l'un. Cette indication du prix de revient est d'autant plus positive que les dépenses tant générales que spéciales et les recettes qui résultent des produits, trouvent à Carcy leur constatation dans des registres de comptabilité rigoureusement tenus.

Le Comice a introduit, pour la première fois cette année, dans ses concours une importante innovation, il exige des candidats des réponses écrites à un questionnaire distribué avant l'inspection. On comprend que fixés d'avance sur le fort et le faible de chaque propriété, les membres de la Commission n'ont à se préoccuper sur les lieux que des choses d'où un examen sérieux peut faire sortir, sous la forme d'une appréciation laudative ou critique, une leçon fructueuse pour tous. M. Maillebiau a parfaitement compris le but de cette nouvelle institution ; l'ensemble des réponses qu'il a adressées constituait un véritable mémoire, fortifié d'un plan complet du domaine.

M. *Jean* Rabois, métayer à la Calquettie, près Beauville, a opéré en deux années de tels défrichements, que la métairie confiée à ses soins a acquis, en un laps de temps si court, une plus-value d'environ 10,000 fr. En couronnant l'auteur de ce travail remarquable, le Comice rattache une bonne part du mérite acquis et constaté aux soins que met le lauréat à confectionner ses engrais, à enrichir ses champs de fumures et à utiliser pour l'irrigation de ses prairies les eaux vives d'une belle source ; il croit aussi devoir signaler, comme un des titres de Jean Rabois à la récompense qu'il lui décerne, une moralité devenue héréditaire dans sa famille.

Joseph Gayral possède depuis quatre ans, à Lascombelles, près de Laroque-Timbaut, 4 hectares 66 ares de terre ; il les a payés 4,000 fr., chiffre trop élevé d'un tiers d'après l'estimation des voisins.

Malgré son âge, — il est sexagénaire, — secondé par sa femme, un fils âgé de 20 ans et une fille de 16, il s'est voué avec une ardeur toute juvénile au défoncement de ses friches ; sur une contenance de 80 ares, il a extrait une masse énorme de rocher, et transformé en une excellente terre labourable une friche où pouvait à peine pénétrer l'araire.

Au-dessous de la maison, les terres sont de mauvaise nature et les pentes fort déclives. Sur les points les plus exposés à l'action érosive des eaux, Gayral a fait de grands transports de terre, et pour compléter ce véritable travail de transformation, il a drainé les portions marécageuses où le tussilage et la prèle accusaient la présence de l'eau sous-jacente.

Gayral s'attache avec raison à débarrasser ses champs des plantes nuisibles ; la Commission a vu, non sans plaisir, tout à côté de l'habitation, un tas fort élevé de chiendent ; bon exemple trop rarement suivi !

La propriété nourrit une paire de vaches et un veau ; les bâtiments laissent à désirer, mais on se propose de les améliorer dès que les terres seront elles-mêmes entièrement réparées; ce qui ne saurait être long, vu l'activité de la famille Gayral.

Ce petit bien vaut aujourd'hui de 8 à 9,000 fr. ; il a conséquemment doublé de valeur en quatre années. Un tel résultat veut des encouragements, surtout quand il est dû à la persistante initiative d'un vieillard ; aussi, le Comice accorde-t-il à Gayral une médaille d'argent et une somme de 60 francs.

Un cinquième prix, consistant en une médaille d'argent, est accordé à M. *Etienne* Pèlegran pour ses défrichements, une culture assez intelligente, la taille des arbres fruitiers et la construction d'une nouvelle machine à décortiquer le trèfle.

Un prix de 100 fr. fut décerné, en 1854, à M. Saint-Martin, propriétaire à Malabeille, commune de Madaillan, pour ses défrichements à la bêche, d'excellents labours exécutés au moyen de la charrue en fer, le creusement de fossés couverts, en vue de l'assainissement du sol, et d'importants charrois de terre. Cet agriculteur s'est remis sur les rangs et a mérité un rappel du prix déja décerné.

La même distinction a été accordée à M. Redon, de La Croix-Blanche, pour ses belles cultures fourragères et l'heureux emploi qu'il fait des eaux ménagères du village, en les distribuant au travers de ses prairies dont elles augmentent les produits.

Un remarquable travail de défrichement fait décerner à M. *Urbain* Ruffe, propriétaire aux Estradets, commune de Laroque, un prix spécial consistant en une médaille d'argent et 40 fr. Ce brave et actif travailleur a transformé un hectare de terrain absolument inculte en un jardin où prospèrent, avec la vigne et le blé, les pruniers et les pommes de terre ; transformation d'autant plus louable que Ruffe est facteur rural, et qu'il lui a fallu dérober à ses nuits les heures qu'il a consacrées au rude labeur dont nous le félicitons. Avec la roche nue, à grand'peine arrachée, il a élevé autour de son champ un mur en pierre sèche, et cet hectare de terrain qui lui a coûté 200 fr., il y a dix ans, il le revendrait 3,000 aujourd'hui.

J'ai à signaler une belle étable à bœufs édifiée sur la propriété de Gary, commune de Beauville ; l'heureuse disposition de ce bâtiment a mérité à M. Aillet une médaille d'argent, et son excellente tenue une prime de 40 fr. au métayer Latia ; en accordant à Latia cette récompense, le Comice lui a tenu compte des soins intelligents qu'il prodigue au nombreux bétail dont il a la garde et l'entretien.

Il ne me reste plus, Messieurs, qu'à mentionner la satisfaction du Jury à l'aspect des belles plantations de pruniers de M. Dardes, propriétaire à Fraysses, près Madaillan. Cet habile prunicullteur a mérité et va recevoir une médaille d'argent.

VI

RAPPORT

SUR LE CONCOURS DES VACHES,

LES SERVITEURS RURAUX ET LES CANDIDATS AUX PRIMES DÉCERNÉES POUR L'INSTRUCTION AGRICOLE,

PAR M. GOUX,

Secrétaire-Adjoint.

I. — Concours des Vaches.

Un concours de vaches a eu lieu à Agen le 7 juin. Il en a été présenté vingt-trois. Le Jury, très-satisfait de l'ensemble, a tenu à en primer le plus possible avec la somme de 400 fr. mise à sa disposition. Il l'a divisée en sept primes. S'il n'eût pas craint de trop amoindrir le chiffre de chaque récompense, il eût pu couronner un nombre plus élevé de sujets.

Les vaches couronnées et celles qui ont été présentées, sauf une ou deux exceptions, appartiennent à la race garonnaise, race qui acquiert une grande notoriété depuis l'institution des concours régionaux et qui est mise au rang des bonnes familles bovines de France. Elle est la richesse de ce département qui, vous le savez, élève beaucoup pour l'exportation. Les contrées qui avoisinent la vallée de la Garonne, Médoc, Gascogne, Languedoc, Périgord, Limousin, nous achètent des bœufs d'attelage, des bêtes de boucherie et même des taureaux reproducteurs pour améliorer leurs bestiaux. Cette dernière circonstance atteste hautement le mérite de la race garonnaise. Aussi, l'administration départementale et les sociétés agricoles ne négligent-elles rien afin de la maintenir pure et de la perfectionner progressivement, en primant les sujets choisis pour la multiplier. Ce choix est, en effet, une des premières conditions du succès. Une autre condition non moins importante, et qui dépend tout à fait de la volonté des éleveurs, c'est de bien nourrir les animaux dès leur bas âge.

II. — Primes aux Serviteurs ruraux.

Mettre en relief et récompenser, dans la classe des travailleurs des champs, ceux que doivent recommander à l'estime de tous, les services héréditaires, l'amour du travail, les sentiments pieux et d'autres vertus modestes et ignorées de ceux-là même qui les pratiquent, telle est, Messieurs, la tâche du Comice, tâche douce entre toutes celles qu'il aime à remplir. Le concours de cette année offre quelques exemples bons à citer :

1° *Jean* RADOIS et sa femme, métayers à la Calquettie, commune de Beauville.

La métairie que cette famille exploite, appartient à M. Vacquié, curé de Feugarolles. Ce digne prêtre avait appelé l'attention du Comice sur les bons services, les aptitudes agricoles et les vertus privées de ces braves gens. On vient de mettre en lumière leur intelligence pour la culture d'un sol assez ingrat. Une récompense leur a été donnée pour cet objet; mais la Commission a jugé qu'ils méritaient une double distinction. La visite qu'elle a faite chez eux et les renseignements pris à des sources diverses, ont complétement justifié la recommandation puissante dont j'ai parlé. A la Calquettie, tout annonce l'amour du travail, de la propreté, de l'ordre, l'aménité des caractères, la sympathie mutuelle, la piété. C'est un spectacle patriarchal bien propre à servir d'exemple et à faire oublier les côtés mauvais de l'humanité.

2° *Pierre* MARADAL, homme d'affaires à Carey, commune de Cours, chez M. Maillebiau.

Dans cet agent d'exploitation, le Comice a

voulu récompenser des connaissances agricoles étendues, une administration très-intelligente du domaine confié à ses soins depuis vingt-cinq ans, une louable aptitude à tenir la comptabilité, à comprendre et à faire exécuter les améliorations relatives au drainage, aux irrigations, à l'emploi des instruments nouveaux. Autant les hommes d'affaires sont des agents nuisibles aux intérêts de leurs maîtres, quand ils n'ont d'autres moyens d'action que ceux dont les arme la routine, autant ils servent ces intérêts lorsque, comme Marabal, ils savent se pénétrer des bonnes innovations agricoles et s'assimiler fructueusement les idées émanées d'une direction supérieure.

3° *Jean* Capelle, maître valet à Marancène, commune de Laroque, chez M. Descressonnières.

Jean Capelle est un excellent domestique, depuis quinze ans sur le domaine, d'une moralité irréprochable, d'une exemplaire probité, connaissant très-bien le bétail, habile dans les soins à lui donner, et d'une grande aptitude pour la culture. La confiance qu'il a inspirée à son maître nous a paru bien placée, et le Comice a voulu honorer les qualités qui la justifient.

4° *Jean* Pèleran, métayer au Bert, commune de Laroque, chez M. Batut-Pradines, est âgé de cinquante ans. Il exploite depuis vingt ans la propriété de M. Pradines, qui fait le plus grand éloge de la moralité et de l'amour du travail qui distinguent cet excellent colon. Son fils, âgé de vingt-deux ans, le seconde très-bien. Les bonnes qualités sont héréditaires dans cette famille, dont tous les membres sont polis, pieux et pleins de respect pour leurs parents devenus vieux. Ce respect, ce sentiment du devoir, l'obéissance absolue aux volontés, aux conseils, aux désirs des vieillards méritent d'être signalés.

5° *Marie* Annat, femme Layssac, à Sauvagnas.

Voici une femme résolument dévouée aux pénibles travaux de l'agriculture. L'année dernière, un incendie, allumé par un enfant de cinq ans, a dévoré en gerbière toute la récolte modeste, à peine recueillie, de cette famille, sans que son courage ait diminué, sans que le travail se soit ralenti. Que la faible récompense dont le Comice la gratifie l'encourage à persévérer dans la voie de moralité et de labeurs utiles où elle est entrée avec tant d'ardeur.

III. — Concours pour l'Instruction agricole.

Le Comice a institué, cette année, un concours pour l'instruction agricole. Il peut se féliciter de cette innovation, souvent demandée par le vénérable M. Bartayrès, dont le Comice déplore la perte.

Quelques cultivateurs ont répondu à l'appel et ont témoigné de connaissances sérieuses en agriculture. Parmi eux nous citerons avec éloge M. Jean Vigué, de Tayrac. La Commission d'examen a été très-satisfaite de son intelligence et de ses études spéciales. Il a fait des réponses précises sur la composition du sol, sur l'humus, les engrais, l'aménagement des fumiers d'étable. En seconde ligne s'est placé M. Bouysses, de Madaillan, qui a donné des explications raisonnées sur les amendements du sol, les nivellements, les soins du bétail. D'autres ont également concouru qui ont besoin d'étudier encore. La bienveillance avec laquelle ont été accueillies leurs réponses, tout insuffisantes qu'elles aient été, sera pour eux un encouragement, et ils se présenteront une autre fois avec de meilleures chances de succès.

La partie la plus intéressante de ce concours a été celle où M. Pradelle, instituteur du degré supérieur à Prayssas, s'est présenté avec treize de ses élèves. M. Pradelle a développé d'abord le programme du cours d'agriculture professé dans son école. Son enseignement, très-méthodique, comprend deux années. Il commence pour tous les enfants qui entrent dans cette institution dès qu'ils ont atteint l'âge de 13 à 14 ans. Le maître ne se borne pas aux leçons théoriques, il familiarise ses élèves, en général fils de cultivateurs, avec les secrets de la bonne pratique agricole, en les conduisant de temps à autre, les jours de congé, chez un agriculteur distingué, membre du Comice, M. Jouanisson, de Sérignac, qui s'y prête avec bonheur, montrant aux élèves ses instruments perfectionnés, son bétail et ses cultures; et voulant bien parfois joindre ses démonstrations de praticien émérite à celles du professeur. Nous louons surtout M. Pradelle d'avoir introduit dans le programme de son cours, des notions de *comptabilité rurale*. L'agriculteur n'aime guère les écritures, et cependant il est de la plus haute importance que l'étude sérieuse de la tenue des livres fasse partie de son éducation.

Ces excellentes leçons ont porté des fruits. La Commission d'examen a été on ne peut plus satisfaite des connaissances agricoles des jeunes gens amenés par M. Pradelle; elle a voulu leur donner à tous un témoignage de sa satisfaction. Elle en a particulièrement distingué trois, à qui des médailles d'argent d'un grand module ont été accordées ; ce sont MM. Daudrix, de Siorac (Dordogne) ; Cornier, de Cardonnet, commune de Saint-Hilaire, près d'Agen ; et Laville, de Dolmayrac, canton de Sainte-Livrade. Cinq ont obtenu des médailles d'argent de petit module, et cinq des médailles de bronze.

Quant à M. Pradelle qui, de son propre mouvement, sans y être forcé par les règlements universitaires, a su, d'une manière si rationnelle et si fructueuse, introduire dans l'enseignement primaire les principes de la plus utile des sciences, la science agronomique, il lui a été décerné une médaille d'or de 100 fr. Puisse cette récompense, si légitimement due à son initiative, exciter le zèle de ses confrères et susciter dans le département de nombreux imitateurs. Le vœu le plus cher du Comice est d'avoir à couronner souvent de semblables mérites.

IV.

Les concours, l'examen des propriétés des concurrents aux récompenses annuelles, la distribution solennelle des primes et des médailles, voilà, Messieurs, ce que l'on pourrait nommer la vie extérieure du Comice agricole. Mais il a encore sa vie intérieure, c'est-à-dire ses séances mensuelles où l'on se réunit pour s'éclairer mutuellement sur la science difficile de l'agriculture, pour combiner des expériences et servir modestement la cause du progrès agricole.

C'est ainsi que, pendant l'année courante, le Comice a reçu communication d'un procédé appliqué par M. Laboup à la culture de la vigne, et qui consiste à enlever, au moment de la chute des feuilles, la couche superficielle du sol et à la déposer dans les lignes en petits tas, qui, après l'hiver, sont répandus au pied des souches. Il a entendu une dissertation de M. Cazenove de Pradines sur les assolements anglais comparés à ceux du Lot-et-Garonne, et sur le revenu net, par hectare, des uns et des autres; — un mémoire sur la maladie de la vigne et sur le soufrage, par MM. Cavalié et Lasserre, du Port-Sainte-Marie; — des réflexions de M. Dupérié sur la dépopulation des campagnes, qui nécessitera chaque jour davantage l'emploi des machines, et que l'auteur attribue au progrès général, aux grands travaux ouverts sur tous les points de la France pour la construction des chemins de fer, au désir du bien-être et des gains rapides qui remuent toutes les classes; — une note de l'un des Secrétaires sur le navet de Laponie, dont il a été distribué de la graine; — des indications de M. Metge, de Penne, sur la préparation des fumiers; — de M. Gasquet, de Nicole, sur les résultats produits dans l'engraissement économique du bétail par l'emploi de la pulpe de betteraves; — de M. de Cazenove, sur l'emploi très-avantageux des fauchages répétés, pour détruire la cuscute dans les trèfles et les luzernes; — de

M. Gouges, de Beauville, sur l'efficacité des sarclages, pour la destruction de la folle-avoine ;— de M. Bonhomme, de Sainte-Colombe, sur une excellente machine à vanner le blé. Le Comice a discuté encore diverses questions intéressant la pratique agricole : le drainage, le pincement de la vigne, les engrais, les machines à battre.

Tels sont les objets dont on s'occupe dans ces réunions où l'expérience de chacun profite à tous. L'agriculture ne peut être pratiquée avec fruit sans être étudiée chaque jour, soit dans le sein des comices, soit dans les fermes-écoles ; l'agriculture est cependant la seule profession peut-être que beaucoup croient pouvoir embrasser sans l'avoir apprise, et voilà sans doute le secret de tant de mécomptes et de tentatives ruineuses.

VII

DISTRIBUTION DES PRIX ET MÉDAILLES

EN 1857.

I. — *Pour les exploitations le mieux dirigées dans l'ensemble des travaux.*

1er Prix, médaille d'or de la valeur de 150 fr., à M. GOUGES, propriétaire, à *Lapeyre*, commune de Beauville.

2e Prix, médaille d'or de la valeur de 100 fr., à M. MAILLEBIAU, propriétaire, à *Carey*, commune de Cours, canton de Prayssas.

3e Prix, médaille d'argent et 70 fr., à M. *Jean* RABOIS, métayer, à *La Calquettie*, commune de Beauville.

4e Prix, médaille d'argent et 60 fr., à M. *Joseph* GAYRAL, propriétaire, à *Las Combelles*, commune de Laroque-Timbaut.

5e Prix, médaille d'argent, à M. *Etienne* Pèleran, au *Pech*, commune de Sauvagnas, canton de Laroque.

Rappels de Prix.

1° M. Saint-Martin, propriétaire, à *Malabeille*, commune de Madaillan, canton de Prayssas.

2° M. *François* Redon, propriétaire, à *La Croix Blanche*, canton de Laroque.

II. — *Pour les défrichements.*

Prix, médaille d'argent et 40 fr., à M. *Urbain* Ruffe, propriétaire, aux *Estradels*, commune de Laroque.

III. — *Pour la construction et l'aménagement intérieur des étables.*

Prix, médaille d'argent, à M. Aillet, propriétaire, à *Gary*, commune de Beauville.

IV. — *Pour la quantité de bétail et la bonne tenue de l'étable.*

Prix, Médaille d'argent et 40 fr., à M. *Jean* Latia, métayer, à *Gary*, commune de Beauville.

V. — *Encouragements pour récompenser la moralité, l'amour du travail, l'ensemble des qualités qui constituent les bons ouvriers agricoles.*

1er Prix, médaille d'argent et 40 fr., à M. *Pierre* MARABAL, homme d'affaires, chez M. Maillebiau, à *Carey*, commune de Cours.

2e Prix, médaille d'argent et 30 fr., à M. *Jean* CAPELLE, premier domestique chez M. Descressonnières, propriétaire, à *Marancène*, commune de Laroque.

3e Prix, médaille d'argent et 30 fr., à M. *Jean* PÈLERAN, métayer de M. Batut-Pradines, à *Laroque*.

4e Prix, médaille d'argent et 10 fr., à M. *Jean* RABOIS et sa femme, métayers de M. le curé Vacquié, à *La Calquettie*, commune de Beauville.

5e Prix, médaille d'argent et 10 fr., à femme LAYSSAC (*Marie* ANNAT), propriétaire, à *Sauvagnas*, canton de Laroque.

VI. — *Pour la culture des pruniers.*

Médaille d'argent, à M. DARDÈS, jeune, à *Fraysses*, commune de Madaillan.

VII. — *Pour l'instruction agricole.*

1er Prix, médaille d'or de la valeur de 100 fr., à M. Pradelle, instituteur du degré supérieur, à *Prayssas.*

Médaille d'argent de la valeur de 25 fr., à M. Vigué, cultivateur, à *Tayrac*, canton de Beauville.

Médailles d'argent de 10 fr., à :

MM. Bouisses, cultivateur, à *Madaillan.*
Daudrix, élève-maître chez M. Pradelle.
Cornier, élève de M. Pradelle.
Laville, *id.*

Médailles d'argent de 5 fr., à :

MM. Dumas, de Sainte-Foi, élève de M. Pradelle.
Misson, de Saint-Côme, *id.*
Manec, de Dominipech, *id.*
Pouget, de Lusignan-Grand, *id.*
Dellaud, de Saint-Mézard, *id.*

Médailles de bronze, à :

MM. Lescure, de Lusignan-Petit, élève de M. Pradelle,
Capus, de Madaillan, *id.*
Cambon, de Rivière, *id.*
Lalanne, de Lusignan-Grand, *id.*
Dubédat, de Montpezat, *id.*

VIII. — *Concours de vaches.*

1er Prime, 100 fr., médaille d'argent, à M. Fabe, propriétaire, à *Pont-du-Casse*, canton d'Agen.

2e Prime, 80 fr., médaille de bronze, à M. Gaubert, jeune, propriétaire, à *Nègre*, commune d'Agen.

3e Prime, 60 fr., médaille de bronze, à M. *Joseph* Falques, propriétaire, à *Saint-Caprais-de-Lerm*, canton de Puymirol.

4e Prime, 50 fr., médaille de bronze, à M. *Joseph* Capredon, propriétaire, à *Foulayronnes*, canton d'Agen.

5e Prime, 45 fr., médaille de bronze, à M. *François* Redon, propriétaire, à *La Croix Blanche*, canton de Laroque.

6e Prime, 35 fr., médaille de bronze, à M. *Pierre* Loze, métayer, à *Lacrompe*, canton d'Agen.

7e Prime, 30 fr., médaille de bronze, à M. *Vincent* Lucante, métayer, à *Lalande*, canton d'Agen.

LISTE DES MEMBRES DU COMICE AGRICOLE

DE

L'ARRONDISSEMENT D'AGEN.

Bureau :

Président :	MM. MOULLIÉ, Procureur impérial.
Vice-Présidents :	DE C. DE PRADINES, propriétaire.
	AMBLARD (FÉLIX), propriétaire.
Secrétaire perpét. :	MAGEN (ADOLPHE), pharmacien.
Secrétaires-Adj. :	GOUX, Vétérinaire du département.
	SALSE, Docteur-médecin.
Trésorier :	DE LAFFORE (MARTIAL), Ingénieur en chef, en retraite.

M. *Jules* DUCOS, préfet de Lot-et-Garonne.

MONSEIGNEUR L'ÉVÊQUE D'AGEN.

MM. *Henri* NOUBEL, député au Corps législatif, maire d'Agen.

LÉBÉ, Premier Président honoraire, à Agen.

CAZENOVE DE PRADINES, à la Garenne, commune du Passage.

Calvet, à Agen.

Dumon, Sylvain, à Agen.

de Laffore, Martial, à Agen.

MM. *Phiquepal-d'Arusmont*, à Agen.
Goux, vétérinaire du département, à Agen.
Moullié, procureur impérial, à Agen.
Samuel de Laffore, à Agen.
Desmolin, conseiller, à Agen.
Jasmin, à Agen.
Bessières, directeur des contributions directes, à Agen.
Bourrière; architecte, à Agen.
Debeaux, agent-voyer, à Agen.
A. Magen, à Agen.
Capot, chanoine honoraire, à Agen.
Cahuac du Rouméga, à Agen.
Bernède, à Agen.
Cazenove de Pradines, Edouard, au Passage.
de Siorac, directeur du télégraphe, à Agen.
Amblard, Félix, à Agen.
Duvigneau, Voldemar, à Agen.
Bartayrès, Sylvain, à Agen.
Sarramia, à Agen.
O. Pouydebat, à Agen.
de Laffore, Fortuné, à Agen.
Lauzun, à Agen.
Martinelly, Benjamin, à Agen.
Guizot, à Agen.
Verdier, architecte de la ville, à Agen.
Chaudeborde, aîné, à Agen.
Salse, médecin, à Agen.
Andrieu, pharmacien, à Agen.
Andrieu, notaire, à Agen.
Darodes, notaire, à Agen.
Noubel, Prosper, à Agen.
Goulard, Adolphe, à Agen.
Aunac, Félix, à Agen.

MM. *Aunac*, Antonin, à Agen.
Bourgeat, Adrien, à Agen.
Faucon, Édouard, à Agen.
Menne, Jules, à Agen.
Chasseigne, négociant, à Agen.
de Fontargé, Louis, à Frespech.
Dufort, conseiller, à Agen.
Platelet, à Agen.
Barsalou, Roch, à Agen.
Maydieu, Émile, à Agen.
Barsalou, Auguste, à Agen.
Labat, à Agen
de Larroque, à Agen.
de Vigier, Paul, à la Garenne, commune du Passage.
Laurens, au Passage.
Laboulbène, au Passage.
de Brondeau, à Lécussan, commune de Moirax, (Laplume.)
Gaubert, aîné, à Lafleyte (Pont-du-Casse).
Gaubert, Jean, à Nègre (Agen).
Marquis d'Escouloubre, à Agen.
Vigneau, à Jusix.
Labat, fils, à Agen.
Batut-Pradines, à Agen.
Bonhomme, à Sainte-Colombe.
Conté, à Aiguillon.
de Montesquiou, à Agen.
Dupérié, à Pédelard (Saint-Antoine.)
Alezays, aîné, à Bon-Encontre.
Andrieu, Alexandre, à Bellile.
Andrieu, aîné, à Bellile.
Escudafals, à Beyssac (Bon-Encontre.)
Béchet, fils, à Lacaussade (Foulayronnes.)

MM. *Breil*, Jean, à Foulayronnes.
Lafon-Courborieu, à Cancon (Beaugas.)
Metge, à Penne.
Lacoste, pharmacien, à Agen
Delard, aîné, à Agen.
de Rivière, à Agen.
Laboup, Bertrand, à Agen.
Laboup, Arnaud, à Agen.

CANTON D'ASTAFFORT.

MM. *Laffitte-Lajouanenque*, maire d'Astaffort.
Gassou, Édouard, à Layrac.
de Maignas, Paul, à Layrac.
Serret, Alfred, à Layrac.
Gassou, Émile, à Layrac.
Gassou, Alcide, à Layrac.
de Pléneselve, fils, à Layrac.
Dufour, Léo, à Fondragon.

CANTON DE BEAUVILLE.

MM. *Héraud*, docteur médecin, à Saint-Maurin.
de Châteaurenard, à Cauzac.
Descrimes, à Beauville.
Aillet, à Beauville.
Gouges, à Beauville.
Bonnel, à Saint-Martin.
Vigué, à Tayrac.

CANTON DE LAPLUME.

MM. *de Laffore Saint-Germain*, à Laplume.
Jouanisson, père, à Sérignac.
Jouanisson, Emile, à Sérignac.
Moureau, Raymond, à Sérignac.
Dupeyron, vétérinaire, à Sérignac.
Lalanne, à Brax.
Lannelongue, ancien maire, à Aubiac.
Lasplaces, jeune, à Aubiac.
Moureau du Chiquot, au Barrail (Brax.)
de Larroche, à Estillac.
de Laffore, Jules, à Laplume.
de Garin, Frédéric, à Laplume.

CANTON DE LAROQUE-TIMBAUT.

MM. *de Raigniac*, à Poulères (La Croix-Blanche).
Descressonnières, à Laroque.
Troupel, à Laroque.
Montels, fils, à Saint-Robert.
Redon, Caprais, à La Croix-Blanche.
Peleran, à Laroque.
Fort, Henri, de Chambon.
Fort, Eugène, à Laroque.
Fontanille, maire, à La Sauvetat.
Bernou, fils, à Laroque.
Sicard, juge de paix, conseiller général, à Laroque.
Sarrasin, à Laroque.
Trenty, à Laroque.

CANTON DE PORT-SAINTE-MARIE.

MM. *Merle de Massonneau*, à Aiguillon.
d'Imbert de Mazères, à Port-Sainte-Marie.
Murret, vétérinaire, à Port-Sainte-Marie.
Duluc, Robin, à Espalais.
Réau du Baron, à Port-Sainte-Marie.
Merle du Barry, à Lagarrigue.
Régimbeau, à Galapian.
Brodoux, Bernard, à Lagarde (Port-Sainte-Marie).
Aché, à Langlade (Clermont-Dessous).
Delga, Louis, à Bourran.
Gasquet, maire de Nicole.

CANTON DE PRAYSSAS.

MM. *Amblard*, Chéri, à Quissac.
Dardes, jeune, à Laugnac.
Teissié, jeune, à Montpezat.
Besse-Lagrange, Victor, à Prayssas.
Boissié, à Laugnac.
Mispoulet, aîné, à Lacépède.
Pradelle, instituteur, à Prayssas.
Espagnac, Junior, à Prayssas.
Delbrel, Gilbert, à Margassary (Cours).

CANTON DE PUYMIROL.

MM. *de Léonard*, à Puymirol.
Pontou, fils, à Saint-Pierre-de-Clairac.

MM. *Olivier*, à Croquelardit.
Delprat, Jean, à Castelculier.
Bernède, à Bernède (Puymirol).
Lamer, à Lagarde (Saint-Pierre-de-Clairac).
Maury, à Saint-Jean-de-Thurac.
Cassaigne, à Saint-Jean-de-Thurac.
Drème, à Saint-Jean-de-Thurac.
Larrieu, Laurent, à Saint-Caprais-de-Lerm.
de Saint-Amans, Casimir, à Castelculier.

TABLE DES MATIÈRES.

Pages.

Agen, Imprimerie de Prosper Noubel.

www.ingramcontent.com/pod-product-compliance
Lightning Source LLC
LaVergne TN
LVHW010000230826
846092LV00002B/580

9782329684901